一人份料理

ひとりぶんレシピ

——实践篇——

[日] 渡边麻纪 著

李雪梅 译

江西人民出版社

前　言

如今，不仅年轻人，越来越多的年长者也过着单身生活。还有许多人即使和家人一起生活，由于工作原因，经常很晚才能回家，只好自己一个人吃饭。但是做一个人的料理容易造成食材浪费，并且效率低下。市面上的料理书籍大多是指导制作可供 2～4 人食用的分量。如果将其换算成一个人的，食材的分量可以单纯地算除法，但在调料的掌控上却并非如此简单。

为了让一个人也能轻松做出一人份的料理，这本书中的菜谱均是以一人份为前提。无论制作哪一样料理都不会花费过多的时间和精力。为了不浪费买来的食材，书中也会介绍蔬菜的保存和冷冻的方法。虽然偶尔尝试一下外食或超市里的便当也很好，但是自己亲手做的饭菜才最美味，也是最有利于身体健康的。当你肚子饿了的时候，不妨打开这本书，试着动手做做看吧。

—— 渡边麻纪

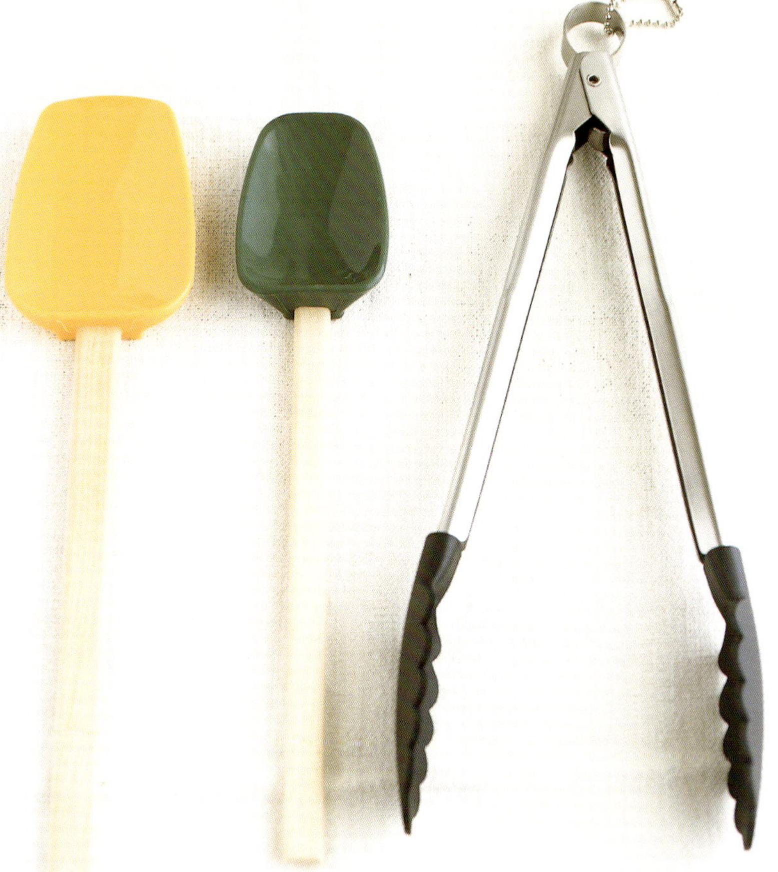

目　录
CONTENTS

前言 · 002

短时间内完成美味料理!
一人份料理的关键 · 006

PART 1
搭配白米饭

姜汁烧肉 · 008
青椒肉丝 · 010
三文鱼锡纸烧 · 012
鲭鱼的芝麻味噌煮 · 014
软炸猪里脊 · 016
炸鸡块 · 018
马铃薯炖肉 · 020
肉丸卷心菜 · 022
醋烧鸡翅白萝卜 · 024
牛奶炖鸡 · 026
麻婆豆腐 · 028
卷心菜金枪鱼的层层煮 · · · · · · · · · · · · · · · 030
猪肉味噌汤 · 032
常夜锅 · 034
韩式部队火锅 · 036
三白锅 · 038

本书的使用方法

1. 1大勺=15毫升，1小勺=5毫升，1杯=200毫升。计量米时请使用1合（180毫升）的量杯。

2. 微波炉一般为600瓦（500瓦的加热时间要乘1.2倍），烤箱为750瓦。因使用的品牌不同会产生误差，需要根据实际情况调整时间。

3. 糖为上白糖，盐是自然盐，酱油是薄口酱油。

4. 菜谱中的热量是根据一人份的食材计算出的。

PART 2
一碗饭 & 一碗面

开口蛋包饭	042
烟熏三文鱼醋饭	044
鱼糕照烧饭	046
大豆鸡肉杂炊	048
纳豆炒饭	050
鲜虾马萨拉黄油咖喱	052
番茄乳酪意大利面	054
简单火腿蛋意大利面	056
咖喱炒面	058
火腿水菜拌面	060

PART 3
富有变化的菜色

汉堡肉	064
夏威夷 loco moco 饭	068
汉堡肉三明治	070
汉堡肉焗饭	072
中华风汉堡肉	074
咖喱饭	076
咖喱奶油炖菜	078
烤咖喱饭团	080
咖喱圆面包	082
咖喱乌冬	083
棒棒鸡	084
鸡汁乌冬	086

PART 4
简单的沙拉 & 小菜

法式面包沙拉	090
凉拌豆腐	092
微波蒸豆腐午餐肉	094
香肠芥末温沙拉	096
电饭煲关东煮	098
法式马铃薯培根派	100
墨西哥辣豆	102
海苔炒蛋	104
蒜辣炒黄瓜	105
焗烤番茄	106
咖喱豆芽沙拉	107
胡萝卜金平	108
醋溜卷心菜	109
培根金针菇卷	110
味噌黄油马铃薯	111

专栏

1	蔬菜的保存秘诀	040
2	一定要知道的冷冻技巧	062
3	实用的手工酱汁	088

短时间内完成美味料理!
一人份料理的关键

1 灵活使用罐头和冷冻食品

可以长时间保存的罐头和冷冻食品使用起来十分方便。金枪鱼、午餐肉、豆制品等的罐头制品在料理中用途十分广泛。此外还有炸薯条、冻虾、冷冻蔬菜等冷冻食材,也可以多加利用。

2 常备主食

煮好饭后,可以分成每一餐的分量,用保鲜膜包起来后放入冷冻室。吃不完的吐司也可以用保鲜膜分片包起来冷冻。家中也可以常备意大利面、日式细面、冷冻乌冬、拉面等面类。

3 准备喜爱的调料

除了盐、胡椒、砂糖、酱油、味淋、酒等基础的调料外,还应该准备一些喜欢的沙拉酱、酱汁,这样制作料理时也会更轻松。另外,准备调味粉和高汤粉也能节省很多时间。

4 用电饭煲和微波炉缩短做饭时间

用锅制作一些需要长时间炖煮的料理需要花费大量的时间,这时使用电饭煲就能够在短时间内将食材煮到软嫩可口。使用微波炉加热少量需要蒸煮的食材也十分方便快捷。微波炉和烤箱都有许多方便的功能,可以多加利用。

PART 1

搭配白米饭

除基础的姜汁烧肉和炸鸡块等料理外,还使用了超市中常见的半成品,制作了多种适合搭配米饭的菜品。无论哪种菜品都可以用平底锅和砂锅轻松制作,也可以作为便当菜品。

830 kcal

[PART 1] 搭配白米饭

姜汁烧肉

无论男女老幼都喜爱的一道菜品。
肉不需要长时间腌制，也能炒出软嫩的口感。

材料：1人份

- 猪里脊薄片：
  5～6片（160克）
- 卷心菜：切丝，1片
- 番茄：切扇形，1/4个
- 通心粉沙拉：如下

A
- 酒：1大勺
- 酱油：1大勺
- 姜汁：1/2大勺
- 砂糖：1小勺

- 色拉油：1小勺

制作方法

1 将 A 中的材料放入小容器中搅拌。

2 在平底锅中放入色拉油，用中火煎猪肉两面。

3 煎至上色，放入 1 中的酱汁，炒至收汁。

4 放入容器中，放入卷心菜、番茄、通心粉沙拉即可。

通心粉沙拉：1人份

将通心粉放入加盐（少许）的热水中，比平时多煮一些时间，放入醋（2小勺）、盐（少量）。黄瓜片（1/4根）、沿纹理切的洋葱（1/8个）、切成1厘米的火腿（1片）、蛋黄酱（1大勺）、盐和胡椒（各少许），加入通心粉搅拌均匀。

444 kcal

[PART 1] 搭配白米饭

青椒肉丝

能够利用冰箱中的蔬菜轻松制作的料理。
浓厚的味噌的酱汁,很适合和米饭一起吃。

材料:1 人份

- 猪肉丝:100 克
- 卷心菜:
  去掉菜心,切丝,1 片
- 青椒:
  去掉籽,切碎,2 个
- **A** 酱油、酒:各 1/2 小勺
  味噌:1 大勺
- **B** 酱油、砂糖、酒:
  各 2 小勺
- 色拉油:2 小勺

制作方法

1 在容器中放入猪肉和 **A**,用手揉匀。混入 **B**。

2 在平底锅中加热色拉油,用中火翻炒猪肉。

3 炒至上色后,改为大火,加入蔬菜翻炒。

4 翻炒均匀后加入 **B**,继续炒至均匀。

POINT 1

提前加入调料揉匀。

POINT 2

为了防止蔬菜出水过多,应用大火快速翻炒。

205 kcal

[PART 1] 搭配白米饭

三文鱼锡纸烧

清蒸后的三文鱼口感鲜嫩。
也可以换成鳕鱼,同样好吃。

材料:1人份

- 三文鱼片:1片
- 胡萝卜:
  用刨刀刨丝,1/3根
- 口蘑:
  刨去根部一根一根分开,1/4盒
- 洋葱:
  切成1厘米厚的洋葱圈,1/5个
- 柠檬:
  切成扇形,1片
- 酒:1大勺
- 料酒:1小勺
- 盐、胡椒:适量

制作方法

1 在锡纸上均匀地撒上盐和胡椒后放入三文鱼,再撒一遍盐和胡椒。

2 淋上1/3的酒后放入蔬菜,然后放柠檬,淋上剩余的酒和料酒。

3 将锡纸封好,折起两端。

4 在平底锅中加1厘米深的水,将**3**放入锅中,盖上锅盖后用中火蒸15分钟。

POINT 1 如果怕蒸不熟,可以打开锡纸切开鱼肉,蒸至鱼肉中间变色即可。
如果没熟就再蒸2～3分钟。

502 kcal

[PART 1] 搭配白米饭

鲭鱼的芝麻味噌煮

在味噌煮的鲭鱼中加入芝麻的香味。

材料：1人份

- 鲭鱼：半条（100克）
- A ┌ 酒：5大勺
  │   （或酒3大勺+水2大勺）
  │ 味噌：40克
  │ 白芝麻：1大勺
  └ 砂糖：2小匙
- 色拉油：2小勺
- 四季豆：用盐水煮后，切成两段，3根
- 葱末：2小勺

制作方法

1 将鲭鱼切成2～3等分。将 **A** 放入小容器中搅拌均匀。

2 在平底锅中加热色拉油，用中火将鲭鱼从鱼皮处煎起。

3 鱼皮煎焦后翻至另一面煎5～6分钟，煎至上色后转至小火，放入 **A**。

4 酱汁翻滚后用勺子淋在鱼身上，煮至酱汁变稠。

5 盛入容器中，放入四季豆，撒上葱末。

> **POINT 1** 先将鲭鱼煎至酥脆后再煮，鱼肉就会变得外焦里嫩。

451 kcal

[PART 1] 搭配白米饭

软炸猪里脊

最开始用大火,中途改小火,这是让猪排变得酥脆多汁的秘诀。

材料:1人份

- 猪里脊:1片(100克)
- 卷心菜:切丝,1片
- **A** ┌ 番茄酱:3大勺
  │ 蚝油:1大勺
  │ 醋:1大勺
  └ 砂糖:2小勺
- 盐、胡椒:少许
- 色拉油:2小勺

制作方法

1 在猪肉上切3～4刀,切开筋,放入盐和胡椒。

2 在小容器中放入 **A**,搅拌均匀。

3 在平底锅中加热色拉油,用大火将猪肉煎至两面上色。

4 转至小火后加入 **2**,煮5分钟,最后用大火煮至收汁。

5 煮至翻滚后,快速翻炒肉片,放入容器中加入卷心菜。

POINT 1 提前用菜刀切断猪肉的肉筋部分,防止煎猪肉时出现翻卷现象,保证受热均匀。

556 kcal

[PART 1] 搭配白米饭

炸鸡块

即便是大家都觉得很难做好的炸鸡块,
也能够用平底锅轻松制作。

材料:1人份

- 鸡腿肉:
  去掉皮下脂肪,切断肉筋,切成适当大小, 1/2个 (180克)
- **A** 酒:1大勺
  酱油:1/2大勺
  姜末:1/4小勺
- 淀粉:1.5勺
- 色拉油: 适量

制作方法

1 将 **A** 放入容器中,加入鸡肉,用手揉10分钟。在油炸之前加淀粉。

2 取一只有一定深度的平底锅(5厘米以上),放入高至锅1/4的色拉油,用中火加热。

3 温度达到160摄氏度后放入 **1**。

4 中途要翻面,两面炸至5～7分钟才会酥脆。

POINT 1 事先将鸡肉的筋切断才能更快熟透,鸡块的大小和厚度要均等,这样才能避免炸不均匀。

681 kcal

[PART 1] 搭配白米饭

马铃薯炖肉

能够用冷冻的马铃薯块轻松制作的马铃薯炖肉。短时间内就能够入味，不会失败。多做一些还可以作为第二天的便当。

材料：1人份

- 冷冻马铃薯块：10块
- 牛肉片：适当大小，100克
- 洋葱：切成6～8等分的菱形，1/2个
- 色拉油：1大勺

A
- 水：200毫升
- 和风颗粒调味粉：1/2小勺
- 酱油：2大勺
- 酒：1大勺
- 砂糖：2小勺
- 料酒：1小勺

制作方法

1 在锅中加热色拉油，将牛肉炒至变色。

2 变色后将洋葱、未解冻的马铃薯放入锅中，再加入**A**。

3 翻滚后转至小火，去掉沫子，适时翻搅，煮7～8分钟。

POINT 1

马铃薯解冻后再煮容易碎掉，为了避免这种情况，应放入冷冻的马铃薯。

POINT 2

用筷子在锅中以画圈的方式搅拌，会让味道更均匀。

183 kcal

[PART 1] 搭配白米饭

肉丸卷心菜

将超市常见的肉丸加入卷心菜中，制作起来简单方便，不用进行调味。

材料：1人份

- 超市买到的肉丸：
  便当用，小份，8个
- 卷心菜：2片
- A 肉丸的酱汁：少量
  高汤料：
  固体2/3～1个
  水：200毫升
- 盐、胡椒：适量

POINT 1

去掉卷心菜的梗后卷起来会更方便。

POINT 2

放上丸子，卷起一圈后将两端的菜叶向内折。

制作方法

1 卷心菜沾水后保鲜膜包起来，用微波炉加热1分钟。

2 冷却后沥干水分，梗的部分削薄、切碎。

3 展开一片卷心菜的叶子，撒上盐和胡椒，放入4个丸子和**2**中的一半的菜梗并包起来，用牙签固定。用同样的方法再做一个。

4 再锅中放入**3**，封口朝下，再放入**A**，用中火煮。

5 开锅后转至小火，放入盐和胡椒调味，用汤匙将酱汁淋在卷心菜上再煮3分钟。

377 kcal

[PART 1] 搭配白米饭

醋烧鸡翅白萝卜

使用带骨鸡肉味道会更鲜美,
香浓的酱汁让你回味无穷。

材料：1人份

- 鸡翅中：5个
- 白萝卜：切成1厘米厚的扇形，1/6根
- 橙醋：120毫升
- 水：2大勺
- 酒：2大勺
- 砂糖：1.5大勺

制作方法

1 在鸡翅的背面沿着骨头切一刀，放入笊篱中淋上开水，去掉油脂。

2 在锅中放入除白萝卜外的食材，用大火煮。

3 开锅后，放入白萝卜，转至小火，盖上锅盖煮15分钟。

POINT 1　事先在鸡肉上切一刀会更入味，鸡汁也容易流出。也可以提前切掉鸡翅两端的关节。

743
kcal

[PART 1] 搭配白米饭

牛奶炖鸡

口味清爽的炖菜。
使用电饭煲可在短时间内让蔬菜和鸡肉变得软嫩。

材料：1人份

- 鸡肉（或鸡腿肉）：150克
- 马铃薯：去皮，切成4份，1个
- 洋葱：切成半圆形，1小个
- 胡萝卜：切成1厘米厚的圆形，如果胡萝卜太大则切成半圆形，1/2根
- 水煮蘑菇罐头：沥干水分，75克
- 牛奶：300毫升
- 汤：250毫升
- 西式颗粒高汤粉：1.5小勺
- 盐、胡椒：适量
- 月桂叶：1片（如果有）

制作方法

1 在容器中放入鸡肉，撒上盐和胡椒，揉捏拌匀。

2 在电饭锅中放入1和蔬菜、牛奶和溶化的高汤粉，再放入盐、胡椒和月桂叶轻轻搅拌。

3 按下煮饭的按钮，等冒出蒸汽10分钟后关掉电源。蔬菜变软了即可。

POINT 1 用开水溶化高汤粉后再放入锅内，这样味道会更均匀。

361 kcal

[PART 1] 搭配白米饭

麻婆豆腐

豆腐不切,改用汤匙挖起放入锅内。不仅口感更好,烹饪起来也更简单。

材料:1人份

- 嫩豆腐:1/2份(150克)
- 猪肉馅:50克
- 大葱:5厘米长切碎
- 豆瓣酱:1/2小勺
- 酒:2小勺

A ⎡ 水:100毫升
  │ 高汤粉:1小勺
  ⎣ 酱油:1大勺

淀粉水

⎡ 水:1大勺
⎣ 淀粉:2小勺

- 色拉油:1大勺
- 芝麻油:适量
- 细葱花:适量(如果有)

制作方法

1 在平底锅中加入色拉油烧热,用中火炒大葱。

2 加入猪肉馅,快速翻炒直至炒散。

3 猪肉变色后,加入豆瓣酱和酒继续翻炒,混合均匀后放入 **A**。

4 开锅后放入淀粉水勾芡,再次开锅后用汤匙挖起豆腐放入锅中。

5 用小火煮7~8分钟,起锅前加入芝麻油,盛盘后撒上细葱花。

> **POINT 1** 豆腐在煮的过程中会散开,不断变小,用勺子挖的时候尽量挖大一些。

124 kcal

[PART 1] 搭配白米饭

卷心菜金枪鱼的层层煮

柠檬香气十足的清爽料理。金枪鱼的味道是关键。

材料：1人份

- 卷心菜：
  水洗后撕成一口大小，1大片
- 金枪鱼罐头：
  滤掉汤汁，1/2罐（40克）
- 柠檬薄片：4片
- 盐、胡椒：各少许
- 橄榄油、酱油：各适量

制作方法

1 在耐热容器中放入1/3的卷心菜，撒上少许盐和胡椒。

2 放入半个罐头的金枪鱼和一片柠檬片，再依次放入卷心菜、金枪鱼、柠檬。

3 最后放上剩余的卷心菜和柠檬片，盖上保鲜膜，放入微波炉中加热2分30秒到3分钟。

4 依照个人的喜好，加入橄榄油和酱油即可。

POINT 1

蒸煮时卷心菜会释放水分，所以不用加水。

POINT 2

洗过的卷心菜无须沥干，可直接使用。

385 kcal

[PART 1] 搭配白米饭

猪肉味噌汤

放入大量蔬菜的猪肉味噌汤也可以当作配菜。如有剩余,可以放入乌冬面,同样美味。

材料:1人份

- 五花肉片:
  切成1厘米宽,50克
- 胡萝卜:
  切成1厘米大小的胡萝卜丁,
  1/2根
- 牛蒡:
  沿纵向切4～6刀,用刨刀刨成丝,
  放入水中浸泡,1/3根
- 魔芋:用手撕碎,1/2块
- 水:400毫升
- 日式颗粒调味粉:1/3小勺
- 味噌:1～2大勺
- 色拉油:2小勺

制作方法

1 用中火加热锅,变温后放入色拉油,翻炒五花肉。

2 猪肉变色后,放入胡萝卜和魔芋,继续翻炒。

3 翻炒均匀后放入水,调成大火,煮开后再调成小火,加入日式颗粒调味粉。

4 去掉杂质,盖上锅盖,煮5分钟。胡萝卜变软后加入牛蒡。

5 一点一点地加入味噌,煮到牛蒡变软即可。

> **POINT 1** 味噌的种类不同,其中盐分的含量也各有不同,在加入味噌的同时要注意品尝味道。

262 kcal

[PART 1] 搭配白米饭

常夜锅

有大量菠菜的火锅,因为口感清爽,即使每天晚上吃也不会觉得腻,由此得名。

材料:1人份

- 火锅用猪肉片:100克
- 菠菜:去掉须根,1/2把
- 蒜:压扁,1瓣
- 水:适量
- 橙醋:适量

制作方法

1 放入半锅水和蒜,用大火煮。

2 煮开后调成中火,放入适量的菠菜和猪肉。

3 待食材煮熟后,蘸橙醋食用。

POINT 1 因菠菜的根部营养丰富,所以不要切掉。此外,菠菜根部不会发苦,洗净后直接放入锅内即可。

654 kcal

[PART 1] 搭配白米饭

韩式部队火锅

在韩国部队中经常食用的"部队火锅"。也可将面换成米饭。

材料：1人份

- 辣白菜：切成1口大小，100克
- 木棉豆腐：切成4等分，1/2盒（150克）
- 香肠：斜着切成两段，2根
- 大葱：斜着切成薄片，10厘米
- 韭菜：切成4厘米长，1/3把
- 方便面：1包
- 水：400毫升
- 味噌：1大勺
- 酒：1大勺
- 酱油：2小勺

制作方法

1 在锅中放入水、辣白菜、豆腐、香肠。

2 加入味噌和酒后调成大火，煮开后转小火。

3 放入大葱和韭菜，用酱油调味。

4 用手掰碎方便面，将面煮至变软即可。

POINT 1

辣白菜放置一段时间后会产生酸味，这时用来制作火锅更提味。

POINT 2

如果觉得味道不够，可放入少许方便面的调料包。

242
kcal

[PART 1] 搭配白米饭

三白锅

使用三种白色食材的火锅。
口感清爽,适合搭配浓厚的芝麻酱一起食用。

材料:1人份

- 鳕鱼:切成3～4等分,1块
- 木棉豆腐:切成4等分,1/3盒
- 白萝卜:用刨刀刨成10厘米长的薄片,1/4根
- 水:适量
- 昆布茶:1/2小勺(如果有)
- 酒:2小勺

芝麻酱
- 酱油:1大勺
- 醋:1大勺
- 砂糖:1/2小勺
- 白芝麻粉:1大勺

制作方法

1 依次将芝麻酱的材料放入小容器中,搅拌均匀。

2 在锅中加入半锅水,放入昆布茶、豆腐、白萝卜,用大火煮。

3 煮开后调成小火,加入酒和鳕鱼继续煮。

4 白萝卜和鳕鱼煮熟后,即可蘸芝麻酱食用。

POINT 1
用刨刀将白萝卜刨成薄片后更容易煮熟。

POINT 2
也可以加入大葱和年糕等白色食材一起煮。

COLUMN 1

蔬菜的保存秘诀

学会正确的保存方法,可以延长蔬菜的新鲜度。
只要掌握了技巧就能不浪费任何食材,物尽其用。

沾有泥土的胡萝卜在室温下保存,洗净的胡萝卜要冷藏。

将沾有泥土的胡萝卜在室温的环境下保存可以多放些时日。而洗净后的胡萝卜则需要用沾湿的报纸或厨房纸包起来,然后放入保鲜袋中冷藏。

胡萝卜

戳出气孔,室温保存。

在保鲜袋上戳出气孔,可在室温环境下保存(仅限金针菇,口蘑需冷藏保存)。因为不会改变食材的味道和口感,可以放入保鲜袋后冷冻。

蘑菇

保留马铃薯上的泥土,放至阴暗处保存。

在阳光直射的地方马铃薯容易发芽,需要保留上面的泥土放至阴暗处保存。冷藏后会影响口感,也容易腐烂。

马铃薯

放在通风良好的地方。

将洋葱放在网兜中,挂在通风良好的地方,可以防止洋葱发芽,能够保存2个月。如果放在通风不好的地方容易腐烂。

洋葱

泡水保存,每天换水。

将豆芽放入盛有水的容器中,每天换水,可以冷藏保存1周。

豆芽

注意水气。

黄瓜容易从沾有水分的部分开始腐烂,所以应该擦干水分,装入保鲜袋中冷藏保存。

黄瓜

卷心菜

用纸包起来,防止干燥。

干燥会使卷心菜的叶子失去水分,用沾湿的报纸或厨房纸包起来后放入保鲜袋中,冷藏保存。

未成熟的番茄在室温环境中保存,成熟的则需要冷藏。

未成熟的番茄放在冰箱中会影响其成熟时间,所以要在常温环境中保存。成熟的番茄需要擦干水分冷藏保存。

番茄

040

PART 2

一碗饭 & 一碗面

盖饭、炒饭、意大利面、炒面等都是只要一盘就能让人满足的料理。短时间内就能够快速制作完成,清洗也很方便,回家很晚、没有时间做饭或者想要享用简单的午饭的时候,这些菜品十分适合。

649 kcal

[PART 2] 一碗饭 & 一碗面

开口蛋包饭

将鸡蛋皮平铺在盘子上,不用封口,简单方便。配料可以按个人喜好加入。

材料:1人份

- 热米饭:1碗
- 鸡蛋:打碎搅匀后放入盐和胡椒,2个
- 金枪鱼罐头:沥干汤汁,拌开,1/2罐(40克)
- 洋葱:切碎,1/4个
- 玉米:3大勺(罐头:沥干汤汁。冷冻:常温下解冻。)
- 番茄酱:2大勺
- 盐和胡椒:各适量
- 色拉油:2小勺
- 欧芹:少许(如果有)

制作方法

1 在平底锅中放入1小勺色拉油,用中火加热,倒入蛋液。

2 用筷子稍加搅拌,煎至个人喜爱的软嫩度后关火,放入盘子中。

3 用厨房纸擦干平底锅,倒入剩余的色拉油加热,用小火翻炒洋葱。

4 洋葱炒软后,调成中火,倒入金枪鱼、玉米、米饭后翻炒。

5 翻炒均匀后,加入盐、胡椒和番茄酱调味,放到**2**的盘子中,放上欧芹做点缀。

POINT 1　过度搅拌鸡蛋,翻炒时容易变硬,影响口感,因此只要搅匀蛋清和蛋黄即可下锅。

460 kcal

[PART 2] 一碗饭 & 一碗面

烟熏三文鱼醋饭

用烟熏三文鱼代替生鱼片，
立刻就成了色彩鲜艳的寿司醋饭。

材料：1人份

- 热白饭：1碗
- 烟熏三文鱼：3～4片
- 黄瓜：切成5～7厘米见方的块状，1/2根
- 洋葱：切成5～7厘米的块状，1/4个
- 咸萝卜：切成5～7厘米见方的块状，3厘米长
- 萝卜芽：去掉根部，适量
- A ｜ 柠檬汁：1小勺
  ｜ 酱油：1小勺
  ｜ 味淋：1小勺

制作方法

1 将 **A** 放入小容器中搅拌均匀，备用。

2 将白饭盛入碗中，放上烟熏三文鱼、黄瓜、洋葱、咸萝卜。

3 淋上 **1** 的酱汁，撒上萝卜芽即可。

POINT 1

过早放入酱汁容易让米饭吸收多余水分，食用时再淋即可。

POINT 2

也可放入三文鱼或者鱿鱼的生鱼片。

538 kcal

[PART 2] 一碗饭 & 一碗面

鱼糕照烧饭

主角是吸满酱汁、口感 Q 弹的鱼糕,分量十足。

材料:1人份

- 热米饭:1碗
- 鱼糕:
  切成1厘米见方的块状,1/3根
- A ┌ 味淋:1大勺
  │ 酱油:3大勺
  └ 砂糖和酒:各2小勺
- 萝卜芽:去掉根部,适量
- 色拉油:1小勺
- 甜姜片:适量(如果有)
- 七味粉:适量(如果有)

制作方法

1 将 **A** 放入小容器中,搅拌均匀。

2 在平底锅中放入色拉油,加热,用中火煎鱼糕的两面。

3 稍微上色后倒入 **1** 的酱汁,用大火翻炒至收汁。

4 将米饭盛入碗中,放上鱼糕、萝卜芽、甜姜片;淋上酱汁。七味粉可依照个人喜好适量添加。

> **POINT 1** 鱼糕的两面要煎至上色,这样能增加香气和口感。

727
kcal

[PART 2] 一碗饭 & 一碗面

大豆鸡肉杂炊

松软的大豆吃起来甘甜美味。
鸡肉的汤汁也是好吃的关键。

材料：1人份

- 大米：1合
- 鸡胸肉：去皮，切成1厘米见方的块状，1/2块
- 胡萝卜：切成1厘米见方的块状，1/3根
- 煮大豆：沥干水分或干燥式包装，50克
- 水：适量
- 酒：1小勺
- 日式颗粒调味粉：1/2小勺
- 盐：少许

制作方法

1 将大米放入容器中清洗，沥干水分。

2 将大米放入电饭煲中，按照1合米的分量加水，放置30分钟到1小时。

3 将所有的配料和调味料倒入 **2** 中，搅拌均匀后按下煮饭的按钮。

4 煮好后搅拌均匀，焖15分钟。

POINT 1 饭煮好后立刻搅拌会让米饭挥发多余水分，不会黏在一起。

461
kcal

[PART 2] 一碗饭 & 一碗面

纳豆炒饭

将米饭和百搭的纳豆做成炒饭，味道浓厚甜美。

材料：1人份

- 热米饭：1碗
- 纳豆：1盒
- 大葱：切5毫米长的葱花，5厘米
- 秋葵：切成5毫米长，1～2根
- 柴鱼片：1包
- 酱油：1大勺
- 色拉油：2小勺

制作方法

1 在平底锅中加热色拉油，用中火翻炒葱花。

2 葱花变软后放入纳豆一同翻炒，炒匀后放入米饭和秋葵。

3 米饭炒散后，淋上酱油，翻炒均匀。

4 盛入容器中，撒上柴鱼片。

POINT 1 纳豆开始翻炒时会变黏，继续翻炒才会变得松散。

627
kcal

[PART 2] 一碗饭 & 一碗面

鲜虾马萨拉黄油咖喱

味道浓厚、口感顺滑的印度风咖喱。无须长时间炖煮,只要简单翻炒即可完成。

材料:1人份

- 虾仁:100克
- 番茄:小颗番茄切碎,1个
- 洋葱:小颗洋葱切碎,1/2个
- 黄油:4小勺
- 色拉油:1大勺
- 咖喱粉:1大勺
- 水:100毫升
- 西式高汤块:固体,1/2块
- 椰奶:1/2杯
- 市售印度烤饼:适量

制作方法

1 在平底锅中放入2小勺黄油,用小火加热,使其融化后放入虾仁翻炒,变色后即可取出盛盘。

2 在1的平底锅中加热色拉油,用中火翻炒洋葱。

3 待洋葱炒熟后放入咖喱粉搅拌,再放入番茄、水、高汤块。

4 煮开后放入1的虾仁和椰奶,待虾仁煮熟后放入剩余的黄油,关火。

5 盛入容器中,搭配烤饼即可。

POINT 1 添加椰奶会让料理产生独特的口感和味道。也可以使用罐装椰奶或水溶式粉末椰奶。

603 kcal

[PART 2] 一碗饭 & 一碗面

番茄乳酪意大利面

乳酪的香浓顺滑搭配番茄的酸甜，
形成了绝妙的好味道。

材料：1人份

- 意大利面：100克
- 番茄：熟透的小颗番茄切块，1个
- 水菜：去掉根部，切成5厘米长，1捆
- 乳酪：条状分成2～3等分，2条（20克）
- 橄榄油：1大勺
- 盐：适量
- 胡椒：少许

制作方法

1 在锅中加1～1.5升热水（材料外）煮开，放入1大勺盐（材料外）和意大利面。

2 取一容器放入番茄、乳酪、橄榄油、盐、胡椒，搅拌均匀。

3 将煮好的意大利面沥干水分，加入**2**中并搅拌均匀。

4 撒上水菜后，用盐和胡椒调味即可。

POINT 1 煮意大利面时过度搅拌会让水变得黏稠，影响口感。意大利面煮好后要尽快与其他材料搅拌均匀。

554
kcal

[PART 2] 一碗饭 & 一碗面

简单火腿蛋意大利面

充分利用素食汤的意大利面,加入蛋黄后味道更浓郁。

材料:1人份

- 意大利面:100克
- 喜欢的菌类(口蘑、栗蘑、香菇等):去掉根部,分成一根一根或切成薄片,50克
- 火腿:切成适当大小,1片
- 热水:100毫升
- 速食奶油汤粉:1袋
- 蛋黄:1个
- 粗磨黑胡椒:适量

制作方法

1 在容器中放入热水、速食汤粉并使其溶解,放入蛋黄,搅拌均匀。

2 在锅中放入1~1.5升热水(材料外)并煮开,放入1大勺盐(材料外),煮意大利面。

3 在煮好的前一分钟放入蘑菇,捞起后沥干水分。

4 在**1**的容器中放入**3**,放入火腿后快速搅拌。盛盘,撒上黑胡椒。

POINT 1

速食汤粉时要稀释得比平时喝的浓一些。

POINT 2

意大利面要充分沥干水分。

057

611 kcal

[PART 2] 一碗饭 & 一碗面

咖喱炒面

配有大量蔬菜的炒面，用大火翻炒食材能够保留清爽的口感。

材料：1人份

- 炒面：1人份
- 猪肉片：50克
- 胡萝卜：切丝，1/4根（5厘米）
- 卷心菜：撕成一口大小，1/2片
- 洋葱：切成小扇形，1/6个
- 豆芽：去掉根部，1/3袋
- 韭菜：切成5厘米长，1/4捆
- 色拉油：2小勺

A ┌ 咖喱粉：1～2小勺
　　│ 水：2大勺
　　│（如果有，加入1/2小勺中式
　　└ 高汤粉，用2大勺水溶解）

- 酱油：2小勺

制作方法

1 将 **A** 放入小容器中，搅拌均匀。

2 在平底锅中加热色拉油，用中火翻炒猪肉。

3 炒至变色后，按顺序加入胡萝卜、卷心菜、洋葱翻炒，炒熟后放入豆芽和韭菜一同翻炒，盛盘。

4 在 **3** 的锅中加入炒面并炒热，淋上 **1** 中的酱汁，翻炒均匀。

5 将 **3** 中的食材倒入平底锅中一同翻炒，淋上酱油，翻炒均匀。

POINT 1 如果平底锅足够大，则无须取出 **3**，直接放入炒面一同翻炒即可。

059

317
kcal

[PART 2] 一碗饭 & 一碗面

火腿水菜拌面

只需要搅拌均匀即可的快速料理。
可以享用到口感爽脆的水菜。

材料：1人份

- 挂面（日式细面）：1把
- 火腿：切成细丝，2片
- 水菜：去掉根部，切成5厘米长，1/2根

A ┌ 酱汁露：3大勺
　　│ 蛋黄酱：2小勺
　　└ 豆瓣酱：1/2小勺

制作方法

1 将**A**放入小容器中，搅拌均匀。

2 在锅中加入足量的水（材料外），水开后下面条，煮熟后过水，沥干水分。

3 盛入盘中，放上培根和水菜，淋上**1**，搅拌均匀。

POINT 1 面条煮熟后用清水冲洗，可以防止面条黏在一起，也更容易入味。

一定要知道的冷冻技巧

无法一次用完的蔬菜和肉类,只要妥善地冷冻保存,不仅能够提高利用率,还能缩短料理的时间。

切成适合料理的大小

将蔬菜切成薄片或是方便料理的大小。将肉块切成小块冷冻,使用起来也很方便。这样不仅能够缩短料理的时间,并且在冷冻的状态下也能够加热,十分方便。

完全抽掉袋中的空气

食材暴露在空气中容易造成冻伤(水分蒸发、变色、失去鲜味)。放入保鲜袋中并完全排出袋中的空气,尽量保持真空的状态。也可以使用吸管吸出袋中空气。

弄薄放平

为了保持食材的新鲜度和美味,其关键在于快速冷冻。放入保鲜袋中,将其保持薄薄的、平整的状态,可以在短时间内冷冻。这样也不会占用过多的空间,冰箱里也会很整齐。

加热

蔬菜在直接冷冻后,其口感会变差,应该先经过煮或炒等加热后再冷冻。马铃薯也是如此,直接冷冻会影响口感,建议煮熟、压扁后再冷冻。

调味

将肉冷冻后再解冻,会出现血水(红色的液体),味道也会不佳。为了避免这种情况,可以事先给肉类添加调味料,这样会慢慢入味,肉也会变软。

分成适合料理的分量

将食材分成制作一次料理所需要的量再冷冻,使用起来十分方便。肉馅可以平整地放入保鲜袋中,再用筷子压出线条,这样每次使用时只要用手沿着线取出肉馅即可。

PART 3

富有变化的
菜色

有空余的时间,或是制作需要花费时间的料理时可以适当多做一些,这样可以方便后面再次使用。这里将为大家介绍汉堡肉、咖喱、棒棒鸡的烹饪方法。这些料理既可以直接食用,也可以稍作改变,无论怎么做都吃不腻。

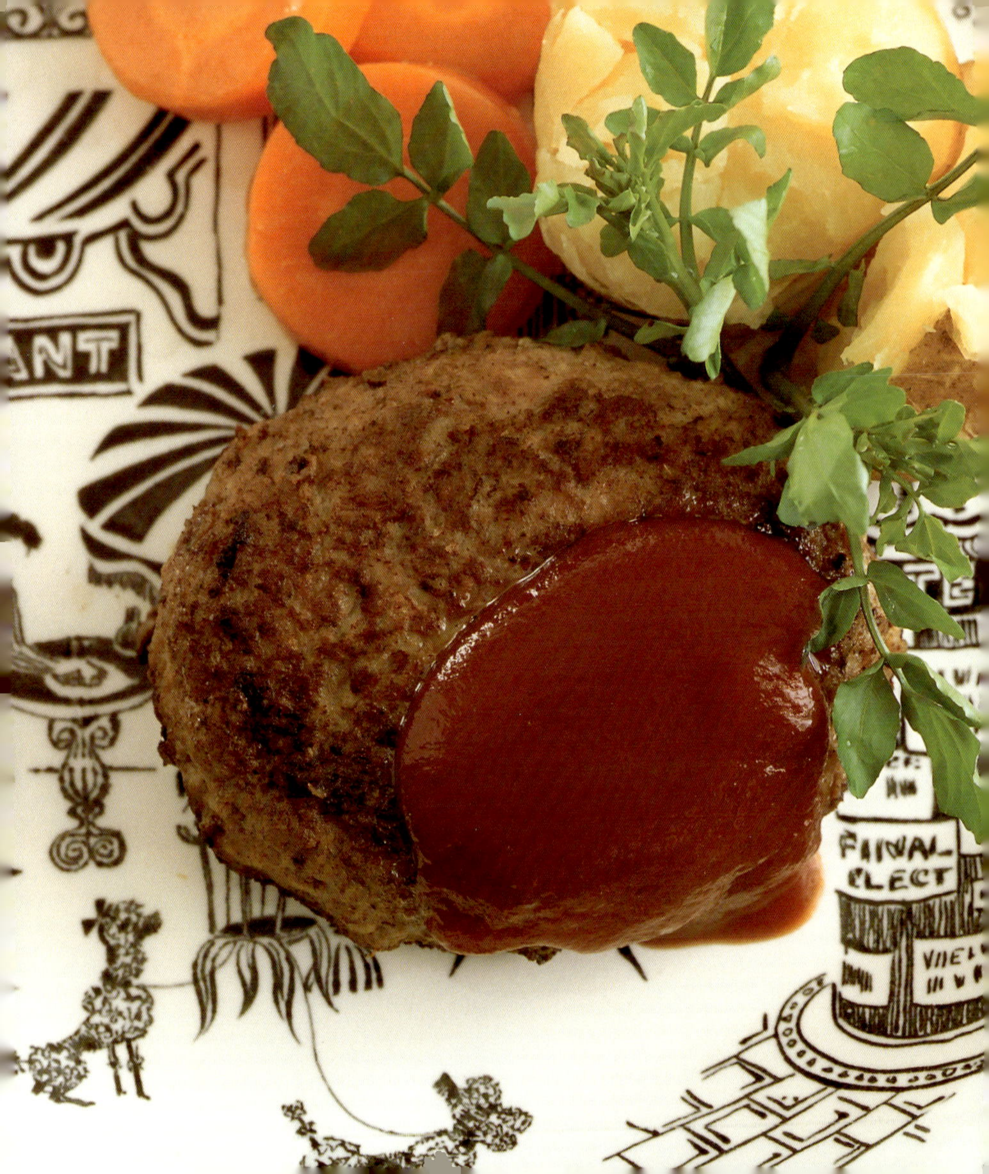

[PART 3] 富有变化的菜色

汉堡肉

制作一人份的汉堡肉意外地很难。多做一些保存起来，也可以当作便当的菜品。

594 kcal
(1人份)

制作方法见下页

基础汉堡肉 4个

材料

A ⌈ 洋葱：切碎，1/2个
　　⌊ 黄油：2小勺

B ⌈ 牛肉馅：400克
　　│ 盐：2/3小勺
　　⌊ 胡椒：少许

C ⌈ 面包粉：1/2杯
　　⌊ 牛奶：3～4大勺

- 鸡蛋：1个
- 色拉油：2小勺
- 配菜：见备注
- 豆瓣菜：适量
- 酱汁：见备注

制作方法

1 将 **A** 放入耐热容器中，用微波炉加热1分钟，冷却后沥干水分。将 **C** 搅拌均匀备用。

2 将 **B** 放入容器中搅拌均匀，出现白色黏稠状后，加入 **1** 和鸡蛋搅拌。

3 将 **2** 分成4等分，边拍出空气边，将其揉成4个同等大小的小圆形，中央向下压平。

配菜：1人份

马铃薯（1个）用保鲜膜包住，在微波炉中加热3分钟。

胡萝卜（1/3根）切成1厘米厚的圆片，在小锅中加入黄油和砂糖（各2小勺）、盐（1小撮）和水（150毫升），用中火煮到胡萝卜变软，用盐和胡椒（各少许）调味。

4 在平底锅中加热色拉油,将 **3** 放入平底锅中,用中火每面加热 2 分钟左右。

5 两面都煎至变色后,盖上盖子,再用小火煎 7 分钟。

6 用竹签扎一下,出现透明的肉汁后与配菜和豆瓣菜一起盛盘,淋上酱汁。

POINT 1

洋葱要尽量切得细碎,这样才会容易与肉馅混合。

保存法

冷冻→约 3 周

煎好的肉饼冷却后,分别用保鲜膜包好,放入保鲜袋中。食用时连同保鲜膜一起放入微波炉中加热 4 分钟即可。

酱汁:1 人份

在煎好汉堡肉的平底锅中加入啤酒或水(3 大勺),调成中火,用锅铲轻刮锅底,加入番茄酱(3 大勺)和中等浓度的沙司(1 大勺),煮开后放入盐和胡椒(各少许)调味。

735 kcal

[PART 3] 富有变化的菜色

夏威夷 loco moco 饭

汉堡肉
变化款
→ 1

分量十足,可以摄取大量的蔬菜!
与搅碎的荷包蛋一起吃更美味。

材料:1人份

- 基础汉堡肉(66页):1个
- 酱汁:参照67页,少许
- 生菜:切片,1片
- 番茄:切成1.5厘米的块,1/4个
- 牛油果:切成1.5厘米的块,1/4个
- 鸡蛋:1个
- 热米饭:1碗
- 酱油:少许(按个人喜好)
- 色拉油:少许

制作方法

1 将米饭盛入碗中,放上汉堡肉、生菜、番茄、牛油果。

2 在平底锅中加热色拉油,煎荷包蛋,煎好后放入**1**中。

3 淋上汉堡肉的酱汁,根据个人喜好淋上酱油即可。

POINT 1

牛油果放置时间过长会变色,在食用前切块即可。

POINT 2

荷包蛋的熟度可依个人喜好而定。

740 kcal

[PART 3] 富有变化的菜色

汉堡肉三明治

十分适合午餐的手作汉堡。
可以根据个人喜好搭配不同的蔬菜。

汉堡肉
变化款
→ **2**

材料：1人份

- 面包片（6片装）：2片
- 基础汉堡肉（66页）：1个
- 生菜：撕碎，1片
- 黄瓜片：3片
- 番茄片：1片
- 麦淇淋：适量
- 蛋黄酱、番茄酱：各适量

制作方法

1 面包片烤好后，涂上麦淇淋。

2 取相同量的蛋黄酱和番茄酱混合，涂在**1**上。

3 放上生菜、黄瓜、番茄、汉堡肉后，夹上面包片，切成适当大小。

POINT 1 　放好食材盖上面包片后，从上面压住食材，使其固定好后再切。

746 kcal

[PART 3] 富有变化的菜色

汉堡肉焗饭

加入汉堡肉,饱腹感十足。
利用市售白酱即可轻松制作。

汉堡肉
变化款
→ 3

材料:1人份

A ⎡ 米饭:1碗
　　 黄油:2小勺
　　 盐、胡椒:各适量

- 基础汉堡肉(66页):1个
- 市售白酱:4大勺
- 奶酪粉:适量
- 黄油:少许
- 欧芹:切碎,少量(如果有)

制作方法

1 在耐热盘子中薄薄地涂上一层黄油,放入搅拌均匀的 **A**。

2 将汉堡肉切成6等分,放在 **1** 上,淋上白酱,撒上奶酪粉。

3 用烤箱烤5~7分钟,撒上欧芹。

POINT 1 为了能使味道更均匀,可以提前给米饭调味。黄油提前放在室温中会更容易搅拌。

703 kcal

[PART 3] 富有变化的菜色

中华风汉堡肉

在汉堡肉上淋上中式白汁。
香菇的香气也令人食欲大增。

汉堡肉
变化款
→ **4**

材料：1人份

- 基础汉堡肉（66页）：2个
- 杏鲍菇：1小根
- 口蘑：1/4盒
- 香菇：1个
- 荷兰豆：去掉筋后切半，3根
- 芝麻油：1小勺
- 盐、胡椒：各适量
- 中式高汤：取1小勺中式高汤粉溶于150毫升的开水中
- 酱油：2小勺

水溶淀粉
- 水：2小勺
- 淀粉：1小勺

制作方法

1 去掉所有蘑菇的根部，并分成适合食用的大小。

2 在平底锅中加热色拉油，用中火翻炒 **1**，加入盐和胡椒调味。

3 在 **2** 中加入中式高汤后，加入荷兰豆和酱油，再加上水溶淀粉勾芡。

4 用芝麻油调味（少许、材料外），随后淋在盘中的汉堡肉上。

POINT 1 勾芡时应一点点加入水溶淀粉，直至汤汁变稠。

[PART 3] 富有变化的菜色

咖喱饭

第二天吃起来也十分美味的咖喱饭。
可以尝试米饭和福神渍之外的搭配。

540 kcal
（1人份）

咖喱饭 (4份)

材料

- 猪腿肉：200克
- 胡萝卜：滚刀切，1小根
- 马铃薯：去皮，滚刀切，1小个
- 洋葱：切成6等分扇形再对切，1小个
- 大蒜片：1片
- 姜末：1大勺
- 水：700毫升
- 咖喱块：1/2盒
- 色拉油：1大勺

制作方法

1 在锅中加热色拉油，用小火翻炒大蒜片和姜末。

2 炒至大蒜变色后调成中火，加入猪肉，猪肉炒至变色后加入蔬菜一同翻炒。

3 翻炒均匀后加水，调成大火，煮开后转中火煮10分钟。

4 蔬菜变软后加入咖喱块，用小火煮10分钟，变得黏稠后关火即可。

POINT 1

蔬菜切滚刀块，更容易入味。

保存法

冷冻→3周

分出一餐的分量，装入保鲜袋中。冷冻会导致马铃薯的口感变差，建议轻压后再冷冻保存。

冷藏→4～5天

每天用小火煮开3分钟以上，这样不容易腐烂。

260 kcal

咖喱
变化款
→ 1

[PART 3] 富有变化的菜色
咖喱奶油炖菜

在咖喱中加入牛奶和黄油后就变身为奶油炖菜。
更适合与米饭一同食用。

材料：1人份

- 基础咖喱（77页）：2汤勺
- 牛奶：100毫升
- 黄油：2小勺
- 法式长条面包：切成1厘米厚，2片

制作方法

1 在锅中放入咖喱和牛奶，用汤勺将咖喱压碎，用小火加热。

2 锅中开始冒泡后加入黄油。

3 盛入容器中，放入面包即可食用。

POINT 1

将咖喱压碎，呈汤状。

POINT 2

蔬菜的鲜甜让味道更有层次感。

351 kcal

[PART 3] 富有变化的菜色

烤咖喱饭团

微微散发咖喱香气的烤饭团。福神渍的口感是这道菜的关键。

咖喱
变化款
→ **2**

材料：1人份

- 基础咖喱（77页）：少许
- 热米饭：1碗
- 福神渍：1大勺
- 比萨用奶酪：适量

制作方法

1 在煮咖喱的锅中放入米饭，让米饭沾满锅中的咖喱。

2 搅拌均匀后，加入福神渍并搅拌均匀。

3 手沾上水后，取一半米饭，放入奶酪后揉成圆形。另一个也是同样做法。

4 在不粘锅中将 **3** 煎至两面变色即可。

> **POINT 1** 在做好咖喱的锅中放入米饭，搅拌均匀。这样锅也变得干净了，一石二鸟。

167 kcal

[PART 3] 富有变化的菜色

咖喱圆面包

可以作为早餐和点心。
融化的奶酪使咖喱更顺滑。

咖喱变化款 → 3

材料：1人份

- 圆形面包：1个
- 基础咖喱（77页）：3大勺
- 比萨用奶酪：1大勺

制作方法

1 将圆形面包的中间挖空。

2 将挖出来的面包撕成小块，并和咖喱一同填入面包中。

3 撒上奶酪，放入烤箱中烤至奶酪融化。

POINT 1

面包可以吸收咖喱的汤汁，使其不会溅出来。

[PART 3] 富有变化的菜色

咖喱乌冬

咖喱
变化款
→ 4

充满咖喱香气的汤，热气腾腾，美味十足。
还可加入自己喜爱的食材。

材料：1人份

- 基础咖喱（77页）：1汤勺
- 冷冻乌冬面：1包
- 葱叶：切段，1根
- 油豆腐：淋上热水后切条，1/2片
- 水：200毫升
- 日式高汤粉：1/2小勺

制作方法

1 在锅中加入水，放入高汤粉，用中火加热。

2 在其他锅中煮乌冬面，煮开后加入 **1**。

3 再次煮开后倒入容器中，加入葱段和油豆腐。

POINT 1

应充分沥干乌冬面的水分，否则汤中水分会过多。

365 kcal

棒棒鸡

(1人份)

342 kcal (1份)

材料

- 鸡胸肉（去皮）：1片（200克）
- 葱叶：10厘米×2根
- 生姜薄片：2片
- 酒：1大勺
- 水：适量

A
- 酱油：2大勺
- 白芝麻：1大勺半
- 砂糖：1大勺
- 辣椒油：1～2小勺
- 葱花：1小勺
- 姜末：1小勺
- 芝麻油：1小勺

- 黄瓜：用刨刀刨成片状

制作方法

1 在锅中放入鸡胸肉、葱叶、生姜、酒，加入没过食材的水量，用大火煮。

2 煮开后去掉杂质，盖上锅盖，小火煮15分钟（中途需要将鸡肉翻面），关火冷却。

3 在盘子中铺上黄瓜，将**2**中的鸡肉（1人大约为2/3片）撕成大片。

4 将**A**按照顺序放入容器中，搅拌均匀后淋在**3**上。

POINT 1

为了避免鸡肉浮出水面，可用铝箔纸代替锅盖放在水面上。

保存法

冷冻→3～4周
连汤汁一同放入保鲜袋中，将肉撕成易于食用的大小。

冷藏→3天
连汤汁一同放入容器中保存。可以做成三明治或沙拉。汤汁也可以煮汤或粥。

[PART 3] 富有变化的菜色

棒棒鸡

在煮汁中慢慢冷却的鸡肉更鲜嫩多汁。

383 kcal

[PART 3] 富有变化的菜色

鸡汁乌冬

充满鸡肉鲜味的汤汁，堪称绝品。
味道清爽，也适合当作夜宵。

棒棒鸡
变化款
→ **1**

材料：1人份

- 冷冻乌冬面：1包
- 基础棒棒鸡（84页）
  鸡肉：用手撕碎，1/3片
  鸡汤：300毫升
- 大葱：斜着切片，5厘米
- 菠菜：焯过，适量
- 酱油、盐、味淋：各适量
- 白芝麻：适量
- 黑胡椒（七味粉）：适量

制作方法

1 在锅中放入鸡汤，用中火加热，煮开后放入乌冬面。

2 用筷子将乌冬面搅散，面条变软后放入酱油、盐、味淋调味。

3 将 **2** 的乌冬面盛入容器中，放上鸡肉、葱、菠菜，撒上白芝麻。

4 按照个人喜好加入黑胡椒或七味粉。

POINT 1 因为鸡汤的味道很浓郁，应该一边品尝一边调味。

实用的手工酱汁

在超市买到的调味料经常用不完,不妨自己制作出所需分量的调味料。

→ 做法简单,不浪费材料。只需要按照顺序将材料放入容器中,搅拌均匀即可。

芝麻浓郁的香味是关键
芝麻酱

- 酱油:1大勺
- 醋:2小勺
- 砂糖:1/2小勺
- 白芝麻:2大勺

散发着浓浓的紫苏香气
紫苏青酱

- 紫苏:切碎,5片
- 盐:1/3小勺
- 奶酪粉:2小勺(如果有)
- 橄榄油:3～4大勺

辣味令人食欲大增
香味酱

- 酱油:4大勺
- 砂糖:1大勺
- 辣椒油:1大勺
- 芝麻油:1小勺
- 葱、生姜:切碎,各2小勺

清新的酸味,口味清爽
番茄酱

- 番茄:切碎,1/3个
- 盐:1/4小勺
- 胡椒:适量
- 色拉油(或橄榄油):2大勺

[推荐的食用方法]煮、烧烤、清蒸的肉和鱼(鲑鱼、鳕鱼、虾等)、生食或余烫的青菜(卷心菜、菜花等)的淋酱。

[剩余酱汁]冷藏保存2～3天,要尽快食用。

PART 4

简单的沙拉＆小菜

本章中将为大家介绍能够快速制作的沙拉和小菜。这些料理不仅可以作为下酒菜，还适合作为临时想加道菜的选择。像关东煮或培根派等需要花时间的料理，也可利用电饭煲或烤箱快速完成。

491 kcal

[PART 4] 简单的沙拉 & 小菜

法式面包沙拉

放有蔬菜和法式面包的足量沙拉。
也可当作下酒菜。

材料：1人份

- 法式面包：切成2厘米见方的块状，烤到个人喜欢的程度，1/5根
- 生菜：2～3片
- 番茄：切成扇形，1/2个
- 洋葱：沿纹理切成薄丝，1/8个
- 培根：切成3厘米，1片
- 凤尾鱼片：2～3厘米长，2片（按个人喜好）
- 市售的法式沙拉酱：3～4大勺
- 奶酪粉：2小勺

制作方法

1 将生菜泡入凉水中，使其口感更清爽。用纸巾擦干水分。

2 在容器中放入蔬菜和法式面包。

3 在平底锅中放入培根，用小火加热，煎至酥脆。

4 在**3**中放入法式沙拉酱和凤尾鱼，搅拌均匀，同色拉油一起淋在**2**上，撒上奶酪粉。

POINT 1　只要擦干生菜上的水分，即使经过很长时间也能够保证生菜的脆爽口感，且更容易和沙拉酱混合。

566 kcal

[PART 4] 简单的沙拉 & 小菜

凉拌豆腐

只要在豆腐上搭配口味浓郁的配菜,就会很有满足感。
作为小菜也是很出色。

材料:1人份

- 木棉豆腐:1块(300克)
- 烤沙丁鱼片:罐头,1罐
- 碎纳豆:1盒
- 紫苏腌黄瓜:切碎,4～5片
- 紫苏叶:撕碎,1片

A ┌ 醋:1小勺
　　│ 芝麻油:1/2小勺
　　└ 辣椒油:少许

制作方法

1 用厨房纸将豆腐包起来,放入冰箱中冷藏20分钟后,沥干水分,放入容器中。

2 在**1**中放入与沙丁鱼混合均匀的紫苏腌黄瓜和纳豆。

3 将**A**加入烤沙丁鱼罐头的汤汁中,搅拌均匀后淋在**2**上,撒上紫苏叶即可。

POINT 1 想要快速沥干豆腐水分时,可以用厨房纸将其包起,放入微波器皿,在微波炉中加热30秒到1分钟。

322 kcal

[PART 4] 简单的沙拉 & 小菜

微波蒸豆腐午餐肉

可以使用微波炉快速制作的蒸物。
午餐肉的咸味渗入到豆腐中,也非常适合作为下酒菜

材料:1人份

- 木棉豆腐:厚度切半,1/3块
- 午餐肉:厚度切半,1/3罐
- 青椒:去掉根部和籽,切成5毫米的圈,1小个
- 梅干:去掉核,用菜刀压碎,1个
- 酱油:2大勺
- 醋:1小勺

制作方法

1 将梅干、酱油、醋混合均匀,做成酱汁。

2 在微波器皿中交替摆放豆腐和午餐肉,最后放入青椒。

3 覆上保鲜膜后,在微波炉中加热2分30秒到3分钟,淋上 **1** 的酱汁即可。

POINT 1 为了不让食材变干,用保鲜膜完全覆盖器皿,这样会让食材受热均匀,熟得更快。

095

398 kcal

[PART 4] 简单的沙拉 & 小菜

香肠芥末温沙拉

将包裹着芥末酱的香肠当作沙拉酱。
饱腹感十足的一道温沙拉。

材料：1人份

- 香肠：斜切2～3等分，4根
- 番茄：切扇形，1个
- 西蓝花：分成小棵，加盐焯水，1/3棵
- 橄榄油（或色拉油）：1大勺
- 颗粒芥末酱：2小勺
- 盐、胡椒：各适量
- 柠檬汁：1大勺

制作方法

1 在平底锅中加热橄榄油，用中火翻炒香肠。

2 香肠上色后放入颗粒芥末酱、盐、胡椒一同翻炒，淋上柠檬汁后关火。

3 在容器中放入番茄和西蓝花，放入**2**后搅拌均匀。

POINT 1 › 翻炒香肠后加入调料，就会做出充满香气的沙拉酱。

402 kcal
（1人分）

[PART 4] 简单的沙拉 & 小菜

电饭煲关东煮

用电饭煲制作关东煮,保温效果好,食材更入味。还可以一次制作两餐的分量。

材料:2人份

- 白萝卜:切成1.5～2厘米的半圆,1/6根
- 马铃薯:去皮,2个
- 煮鸡蛋:剥壳,2个
- 炸胡萝卜鱼肉饼:太大就切成两半,2片
- 竹轮:斜切成两半,2个
- 魔芋:沿对角线切成三角形,1/2片
- 水:600毫升
- 酱油:3.5大勺
- 砂糖:1.5大勺
- 味淋:1.5大勺
- 日式高汤粉:1小勺
- 昆布茶:1/2小勺(如果有)

制作方法

1 将全部食材放入电饭煲中。

2 按下煮饭按钮,出现水蒸气10分钟后,关掉电源。

3 将食材放入容器中,淋上汤汁即可。

POINT 1

放入昆布茶会让味道变得更浓郁。

POINT 2

关掉电源后放置一段时间会让食材更入味。

358 kcal

[PART 4] 简单的沙拉 & 小菜

法式马铃薯培根派

十分适合搭配红酒一起食用。
不仅趁热吃可口，放凉吃也同样美味。

材料：直径 8cm 的耐热容器 2 个

- 马铃薯：去皮，切成 2 厘米厚的圆片，2 个
- 培根：切丝，2 片
- 比萨用奶酪：50 克
- 鸡蛋：1 个
- 牛奶：100 毫升
- 盐、胡椒：各少许
- 黄油：适量

制作方法

1 在容器中放入牛奶和鸡蛋，加入盐和胡椒后搅拌均匀。

2 在耐热容器的内侧涂上黄油，按照马铃薯、奶酪、培根的顺序叠放。

3 倒入 1，盖上铝箔纸，放入烤箱中烤 15 分钟。

4 若用竹签可以穿透，就表示做好了。

> **POINT 1** 盖上铝箔纸可避免烤焦。若想要烤出焦色，可在做好前 5 分钟拿掉铝箔纸。

209 kcal

[PART 4] 简单的沙拉 & 小菜

墨西哥辣豆

利用市面上出售的墨西哥辣肉酱就能够快速制作。
可以用辣椒来调出个人喜爱的辣度。

材料：1人份

- 红腰豆：干包装，1/2罐（60克）
- 意大利肉酱：1/2罐（80克）
- 洋葱圈：1/5个
- 水：2大勺
- 奶酪粉：1大勺
- 辣椒粉：少许

制作方法

1 在锅中放入肉酱、水、红腰豆、辣椒粉，用小火煮。

2 豆子煮好后放入容器中，撒上奶酪粉，放上洋葱圈。

POINT 1 红腰豆的罐头分为"水煮"和已经蒸好豆子的"干包装"，干包装比较能保留豆子的口感和味道。

180 kcal

[PART 4] 简单的沙拉 & 小菜

海苔炒蛋

烤海苔的味道是这道菜的关键。
甜辣味不仅适合配米饭,也适合喝酒时食用。

材料:1人份

- 鸡蛋:1个
- 烤海苔:1片
- 味淋(或砂糖):1小勺
- 酱油:1小勺
- 酒:1小勺
- 芝麻油:2小勺

制作方法

1 在容器中放入鸡蛋并打散,然后放入味淋、酱油和酒搅拌均匀。

2 将烤海苔撕碎,放入**1**中,用筷子搅拌均匀。

3 在平底锅放入芝麻油,用中火加热,将**2**放入平底锅中,用筷子稍作搅拌,炒到个人喜好的嫩度即可起锅。

POINT 1

鸡蛋放入锅中后,不要加热太久。

[PART 4] 简单的沙拉 & 小菜

蒜辣炒黄瓜

清炒黄瓜也可以很好吃。
蒜香浓郁,更有意大利风味。

材料:1人份

- 黄瓜:去掉两端后滚刀切,1根
- 红辣椒:去掉籽,1根
- 大蒜薄片:1/2片
- 盐、胡椒:各少许
- 色拉油:2小勺

制作方法

1 在平底锅中放入色拉油、大蒜、红辣椒,用微火加热。

2 炒出大蒜的香气后,倒入黄瓜,调至大火翻炒。

3 晃动平底锅,快速翻炒,加入盐和胡椒调味即可。

94 kcal

POINT 1

用大火快速翻炒黄瓜才能保留黄瓜脆爽的口感。

POINT 1

没有烤箱,可以在平底锅中放入1小勺色拉油,盖上盖子后用小火煎。

[PART 4] 简单的沙拉 & 小菜

焗烤番茄

番茄和奶酪的完美结合。
奶酪融化的热量,让番茄也变得入口即化。

材料:1人份

- 番茄:切圆片,1个
- 盐、胡椒:各少许
- 比萨用奶酪:1大勺

75 kcal

制作方法

1 在耐热容器中摆放番茄,撒上盐和胡椒。

2 撒上奶酪,放入烤箱中烤至奶酪融化即可。

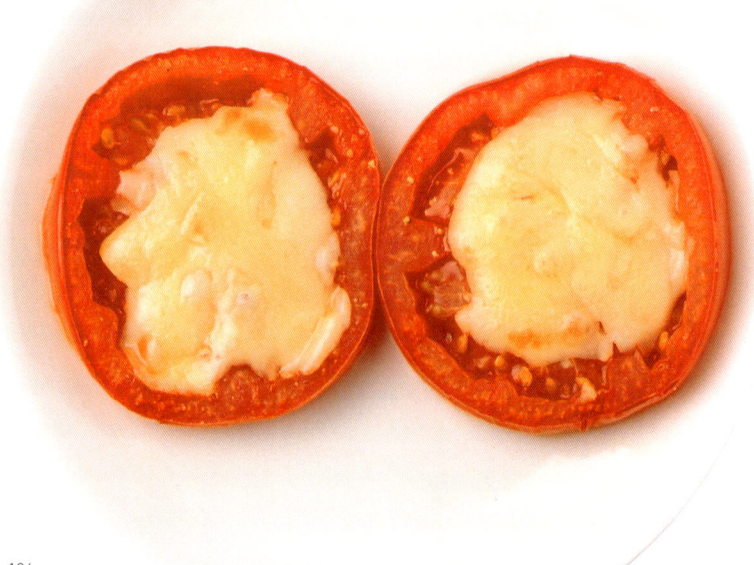

[PART 4] 简单的沙拉 & 小菜

咖喱豆芽沙拉

口感清爽的豆芽，拌上咖喱风味的酱汁，有些刻意地做出微辣的味道。

139 kcal

材料：1人份

- 豆芽：去掉根部，1/2袋
- A ┌ 醋：1/2大勺
  │ 咖喱粉：1/2小勺
  │ 酱油：1/2小勺
  └ 盐、胡椒：各少许
- 色拉油：1大勺

制作方法

1 在容器中倒入 **A** 并搅拌均匀后，再加入色拉油一同搅拌。

2 将豆芽放入盐水中焯，用笊篱捞起，沥干水分。

3 在豆芽中加入 **1**，搅拌均匀。

POINT 1

在豆芽还散发热气时倒入酱汁，会更容易入味。

211 kcal

[PART 4] 简单的沙拉 & 小菜

胡萝卜金平

充分享用胡萝卜自然的香甜。
不仅可以当作小菜,还能添加到便当中。

材料:1人份

- 胡萝卜:切成5厘米长、5毫米宽的火柴棒状,1根
- 白芝麻:2小勺
- A ┌ 水:2大勺
    │ 酱油:1大勺
    │ 味淋:2小勺
    └ 日式高汤粉:少许
- 色拉油:2小勺

制作方法

1 在平底锅中加入色拉油,用中火翻炒胡萝卜。

2 翻炒均匀后,倒入 **A**,用小火翻炒至收汁。

3 关火,撒上白芝麻即可。

POINT 1

为了让食材更入味,必须不断翻炒,直至收汁。

[PART 4] 简单的沙拉 & 小菜

醋溜卷心菜

能够快速制作的炒菜。
醋醇香的酸味,让人无法停下筷子。

POINT 1

因为卷心菜在翻炒时会出水,应该在加入醋后立即关火。

100 kcal

材料:1人份

- 卷心菜叶:
  撕成一口大小,2片
- 盐、胡椒:各少许
- 醋:2小勺
- 色拉油:2小勺

制作方法

1 在平底锅中加热色拉油,用中火翻炒卷心菜,加入盐和胡椒。

2 卷心菜变软后倒入醋,立刻关火。

109

[PART 4] 简单的沙拉 & 小菜

培根金针菇卷

微波炉加热 1 分钟即可获得的美味。
调味简单，味道鲜美。

材料：1人份

- 金针菇：去根后切半，1袋
- 培根：切半，2片
- 盐、胡椒：各少许

制作方法

1 将金针菇放在培根上，撒上盐和胡椒后卷起来。用同样方法制作3个。

2 开口向下放在耐热容器中，盖上保鲜膜，在微波炉中加热1分钟即可。

POINT 1

在微波炉中加热后，培根和金针菇会散发出鲜美的味道。

181 kcal

157 kcal

[PART 4] 简单的沙拉 & 小菜

味噌黄油马铃薯

经典的黄油马铃薯加上味噌，适中的咸香搭配醇厚的口感，十分适合作为下酒菜。

材料：1人份

- 马铃薯：1个
- 味噌：2小勺
- 黄油：1大勺

制作方法

1 清洗干净马铃薯后，带皮用保鲜膜包好，在微波炉中加热3分钟。

2 将味噌和黄油搅拌均匀。

3 切开一道口，将**2**放入切口中，可一边融化一边食用。

POINT 1

要趁热在马铃薯中加入味噌和黄油。

图书在版编目（CIP）数据

一人份料理.实践篇/（日）渡边麻纪著；李雪梅译. -- 南昌：江西人民出版社,2018.10
ISBN 978-7-210-10629-6

Ⅰ.①一… Ⅱ.①渡…②李… Ⅲ.①菜谱-日本 Ⅳ.①TS972.183.13

中国版本图书馆CIP数据核字(2018)第164498号

HITORIBUN RECIPE by Maki Watanabe
Copyright © Maki Watanabe,2013
All rights reserved.
Original Japanese edition published by SHUFU TO SEIKATSU SHA CO.,LTD.

Simplified Chinese translation copyright © 2018 by Ginkgo (Beijing) Book Co., Ltd.
This Simplified Chinese edition published by arrangement with SHUFU TO SEIKATSU SHA CO.,LTD., Tokyo, through HonnoKizuna, Inc., Tokyo, and Bardon Chinese Media Agency
简体中文版权归属于银杏树下（北京）图书有限责任公司
版权登记号：14-2018-0174

一人份料理 实践篇

著者：[日]渡边麻纪　　译者：李雪梅
责任编辑：冯雪松 韦祖建　　特约编辑：李志丹
筹划出版：银杏树下　　出版统筹：吴兴元
营销推广：ONEBOOK　　装帧制造：墨白空间
出版发行：江西人民出版社　　印刷：北京盛通印刷股份有限公司
889 毫米 ×1194 毫米　1/32　3.5 印张　字数 60 千字
2018 年 10 月第 1 版　　2018 年 10 月第 1 次印刷
ISBN 978-7-210-10629-6
定价：36.00 元
赣版权登字 -01-2018-584

后浪出版咨询(北京)有限责任公司 常年法律顾问：北京大成律师事务所　周天晖 copyright@hinabook.com
未经许可，不得以任何方式复制或抄袭本书部分或全部内容　版权所有，侵权必究
如有质量问题，请寄回印厂调换。联系电话：010-64010019